आर्य्यभटीये गणितपादः

LEÇONS DE CALCUL

D'ÂRYABHATA,

PAR

M. LÉON RODET.

EXTRAIT DU JOURNAL ASIATIQUE.

PARIS.

IMPRIMERIE NATIONALE.

M DCCC LXXIX.

आर्य्यभटीये गणितपाठः

LEÇONS DE CALCUL

D'ÂRYABHATA.

PARIS,

ERNEST LEROUX, ÉDITEUR,

LIBRAIRE DE LA SOCIÉTÉ ASIATIQUE,
DE L'ÉCOLE DES LANGUES ORIENTALES VIVANTES, ETC.

RUE BONAPARTE, N° 28.

आर्य्यभटीये गणितपादः

LEÇONS DE CALCUL

D'ÂRYABHATA.

AVANT-PROPOS.

La traduction du chapitre de l'*Âryabhaṭîyam* que l'on va lire est terminée depuis le mois de février 1877. Dans mon étude comparative des méthodes algébriques en Arabie, dans l'Inde et en Grèce[1], ayant à citer quelques points particuliers du livre d'Âryabhaṭa, j'avais cru pouvoir annoncer la publication prochaine de mon travail dans le Journal de l'École polytechnique; j'avais agi ainsi sur la foi d'une promesse que je croyais définitive. Mais au bout de quelques mois d'attente, le manuscrit m'a été rendu, et j'ai dû demander encore une fois à la Société asiatique la généreuse hospitalité de son journal. J'ai alors profité de cette circonstance pour faire entrer dans les Notes et observations dont j'accompagne ma traduction du doyen des mathématiciens de l'Inde quelques

---

[1] L'*Algèbre d'Al-Khârizmi et les écoles indienne et grecque* (*Journal asiatique*, janvier 1878).

citations d'autres auteurs, en particulier du *Çulba-Sûtra* ou « Préceptes du cordeau » de Baudhâyana, dont M. Max Müller a bien voulu me signaler la valeur historique. Ces citations ne sont du reste qu'un acompte sur l'étude complète de ces antiques règles géométriques suivies par les Brahmanes pour la construction de leurs autels, étude qui est en ce moment sur le métier, et qui pourra, je l'espère, paraître aussi dans un délai très prochain.

J'aurais bien désiré publier le texte d'Âryabhaṭa en face de ma traduction. Les théorèmes qu'il énonce sont si curieux pour leur époque, que j'aurais voulu pouvoir mettre sous les yeux des mathématiciens sanscritistes (et je sais qu'il en existe même en France) la preuve que ces théories ne sont pas de mon invention. Par malheur, il ne m'a pas été donné de voir réaliser ce désir : le texte en question ayant été publié, il y a peu d'années et se trouvant encore en librairie, je suis obligé d'y renvoyer le lecteur, qui en trouvera l'indication dans les lignes qui vont suivre.

J'ai rapporté, dans mon travail précité, le distique dans lequel Âryabhaṭa nous donne son âge précis. Cette date, du reste, est aujourd'hui connue de tous les indianistes : né en 475 ou 476 de notre ère, Âryabhaṭa écrivait de 500 à 550.

Dans son introduction au chapitre du Calcul, que l'on va lire plus loin, il nous apprend en outre qu'il écrivait, et sans doute enseignait, à Pâtaliputra, l'antique capitale des premiers monarques historiques de l'Inde, tandis que les autres astronomes mathématiciens dont on connaît les œuvres, à commencer par son contemporain Varâha-Mihira[1], appartenaient à l'école d'Ujjayinî. Ce fait pourrait expliquer pourquoi l'œuvre d'Âryabhaṭa était aussi mal connue des écrivains

---

[1] On trouvera peut-être singulier que je ne parle pas de Varâha-Mihira, et surtout des notes précieuses dont son éditeur, M. Kern, a accompagné la traduction de l'astrologue des rois d'Ujjayinî. Cela tient à ce que jusqu'au moment où j'écris ces lignes *je n'ai pas encore pu réussir à me procurer cet ouvrage*, bien qu'il soit non seulement en librairie, mais même encore en cours de publication.

en question, et pourquoi Brahmagupta, en particulier, paraît n'avoir pas connu la valeur si approchée du nombre π que notre auteur énonce exactement comme nous le faisons aujourd'hui (voy. plus loin, strophe X).

Le texte de l'*Âryabhaṭîyam*, dont j'entreprends de traduire un fragment, a été publié à Leyde en 1874 par le Dr Kern, déjà connu par ses nombreuses publications scientifiques, et en particulier par sa savante étude sur VARÂHA-MIHIRA, le contemporain et peut-être le rival d'Âryabhaṭa. Dans l'édition hollandaise, le texte est accompagné d'un long commentaire par un certain PARAMÂDÎÇVARA, sur le compte duquel M. Kern n'a pu recueillir aucun renseignement. Je me suis beaucoup aidé de ce commentaire, ou plutôt des exemples numériques qu'il donne à l'appui des règles de son maître, pour arriver à trouver de quoi il s'agissait dans la règle; mais je n'ai pu le suivre partout dans l'interprétation qu'il donne des mots du texte, car il m'a paru, en plus d'un endroit, avoir mal compris. On peut dire qu'au point de vue scientifique Âryabhaṭa était plus avancé que son commentateur, lequel, imbu des enseignements de l'école d'*Ujjayinî*, et en particulier de Bhâskara, qu'il cite fréquemment, n'a pas compris ou, si l'on aime mieux, n'a pas reconnu les *formules parlées* d'Âryabhaṭa.

M. Kern a établi son texte d'après deux manuscrits en caractère *malayâla* (usité sur la côte de Coromandel, là où se trouve notre colonie de Mahé), copiés l'un en 1820, l'autre en 1863, ce dernier à Calicut; puis d'après un troisième, appartenant à la Société asiatique de Londres, qui contient le texte seul sans commentaire. La publication de M. Kern ne renferme que le sanscrit, sans traduction, et il n'est pas venu à ma connaissance qu'il en ait encore été publié aucune.

L'*Âryabhaṭîyam* se divise en quatre parties, qui ont pour titres :

1° गीतिका « Harmonies célestes »; recueil de tables numériques en dix strophes;

2° गणितं « Éléments de calcul » : c'est le chapitre dont je donne la traduction;

3° कालक्रिया « Du temps et de sa mesure »;

4° गोल: « La sphère » ou mieux « *Les sphères* ».

C'est dans le premier chapitre, *et dans celui-là seulement* qu'Âryabhaṭa fait usage d'une notation numérique particulière, dont les adversaires de l'invention par les Indiens de la *numération décimale écrite* ont cru pouvoir tirer une arme en leur faveur. Je reviendrai une autre fois sur cette question, et m'efforcerai de faire voir, pièces en main, en quoi a consisté au juste l'invention d'Âryabhaṭa sur ce point, et de préciser le degré d'importance qu'on doit lui accorder dans la discussion de la question historique en litige.

Enfin en ce qui concerne la possibilité d'emprunts faits par Âryabhaṭa à l'enseignement mathématique des Grecs, je laisse de côté pour le moment cette étude, qui exigera des recherches historiques un peu trop longues pour figurer ici. Il s'agira en effet d'établir avec le plus de certitude qu'il sera possible, jusqu'à quelle époque on peut admettre que l'influence grecque se soit fait sentir à Pâṭaliputra; puis quel était à cette époque l'état des connaissances mathématiques des Grecs : deux points non moins difficiles à éclaircir l'un que l'autre, vu le peu de documents qui nous sont parvenus sur l'histoire de l'Inde d'une part, sur l'histoire des mathématiques chez les Grecs avant l'école d'Alexandrie d'autre part.

TRADUCTION.

I. — Ayant rendu hommage à Brahma, à la Terre, à la Lune, à Mercure, à Vénus, au Soleil, à Mars, à Jupiter, à Saturne et aux constellations, Âryabhaṭa, en la *Cité des fleurs* (Pâṭaliputra), expose [comme suit les éléments de] la science très vénérable.

II. — *Eka, daçan, çata, sahasra, ayuta, niyuta, prayuta, kôṭi, arbuda, vṛnda*, sont, de place en place, décuples l'un de l'autre.

III a. — Un « carré » *varga*, est un équi-quadrilatère ; son « fruit » (sa surface) est le produit de deux nombres égaux.

III b. — Le produit de trois nombres égaux est un « cube » (*ghana* « solide ») et aussi une figure à douze arêtes.

IV. — On divisera toujours la « tranche non carrée » par le double de la racine de la « carrée » [qui précède], après avoir retranché de cette « carrée » le carré de la racine : le quotient est la racine à distance d'une place.

V. — On divisera la deuxième « tranche non cubique » par le triple carré de la racine de la « cubique » [qui précède] : son carré, multiplié par le triple du premier [nombre trouvé], se retranche de la première [tranche non cubique], et le cube du tout de la [tranche] cubique.

VI a. — L'aire du triangle (m. à m. du « trilatère ») est le produit de la perpendiculaire commune aux

[deux] segments (littéralement « moitiés. ») par la moitié de la base.

VI b. — La moitié du produit de ceci par la hauteur est le solide à six arêtes.

VII a. — La moitié de la circonférence (*parinâha*) entière multipliée par le demi-diamètre (*ardha-vishkamba*) donne la surface du cercle (*vṛtta*).

VII b. — Ce dernier multiplié par sa propre racine [carrée] est la solidité de la sphère (*gôla*) exactement.

VIII a. — Chacun des deux « flancs » multiplié par leur distance (ou « écartement », *âyâma*, m. à m. « chemin pour aller de l'un à l'autre ») et divisé par leur somme donne les lignes (portions de l'« écartement ») partant du [point de] concours [des diagonales].

VIII b. — En multipliant par la demi-somme des longueurs [des flancs] leur distance, on a l'aire de la figure.

IX a. — Pour toute figure [plane], en déterminant [une succession de] deux « flancs », on obtiendra la surface.

IX b. — La corde de la sixième partie de la circonférence (*paridhi*) est égale au demi-diamètre.

X. — Ajoutez 4 à 100, multipliez par 8, ajoutez encore 62000, voilà pour un diamètre de deux myriades (*ayutâs*) la valeur approximative de la circonférence du cercle.

XI. — Divisez [en parties aliquotes] le quart de la circonférence au moyen d'un triangle et d'un quadrilatère, vous aurez sur le rayon toutes les « demi-cordes » (sinus *jyâ-ardha*) d'arcs (*câpa*) que vous voudrez.

XII *a*. — ....

XII *b*. — Les différences sont diminuées des quotients successifs [des sinus] par le premier sinus.

XIII. — Le cercle s'obtient par une rotation; le triangle [rectangle] est déterminé par son hypoténuse (*karṇa*), le rectangle par sa diagonale (*karṇa*), l'horizontale par [le niveau de] l'eau, la verticale par le fil à plomb.

XIV. — Faites la somme des carrés de la longueur du style et de celle de l'ombre, la racine carrée de cette somme est le rayon du « cercle aérien » (*kha-vṛtta*) ou « cercle propre » (*sva-vritta*).

XV. — Multipliant par le style la distance entre le style et le « bras » *bhujâ* [du candélabre] et divisant par la différence entre le style et le bras, le quotient obtenu fait connaître l'ombre, comptée à partir de l'origine du style.

XVI. — Multipliez par l'ombre la distance des extrémités des [deux] ombres, et divisez par la différence [des ombres], vous aurez la hauteur *kôṭi* [du triangle]; cette hauteur multipliée par le style et divisée par l'ombre donne le bras *bhujâ* [du candélabre].

XVII a. — Et tel le carré du bras ajouté au carré de la hauteur, tel le carré de l'hypoténuse.

XVII b. — Dans le cercle, le produit des deux flèches est le carré de la demi-corde [commune aux] deux arcs.

XVIII. — Deux cercles diminués de la *morsure*, multipliés séparément par cette morsure et divisés par la somme des cercles moins la morsure, donnent respectivement les flèches partant de l'intersection [de la ligne des centres et de la corde commune].

XIX a. — [Le nombre de termes] que l'on voudra, diminué de 1, divisé par 2, augmenté [du nombre des termes] qui précèdent multiplié par la raison et augmenté du premier terme, est la moyenne [de la progression]; celle-ci multipliée par le nombre choisi est la somme cherchée.

XIX b. — Ou bien, on multiplie [la somme du]

premier et du dernier [terme] pour la moitié du nombre des termes.

XX. — Le nombre des termes est : [la somme] multipliée par huit fois la raison, ajoutée au carré de l'excès de deux fois le premier terme sur la raison : [on en prend la] racine carrée, qu'on diminue de deux fois le premier terme : on divise par la raison, on ajoute 1 et l'on prend la moitié.

XXI a. — 1 [étant] raison et premier terme des bases, [prenez] le nombre de termes pour premier terme, 1 pour raison, faites le produit de trois [termes consécutifs], divisez par 6, et vous aurez le contenu de la pile.

XXI b. — Ou bien, [faites] le cube du nombre des termes plus un et retranchez la racine [cubique] de ce cube [puis divisez par 6].

XXII a. — Le dernier terme, celui-ci plus 1, celui-ci plus le nombre des termes : du produit de ces trois nombres prenez le sixième, c'est le volume de la pile des carrés.

XXII b. — Le carré de la pile [des nombres simples] est le volume de la pile des cubes.

XXIII. — Si du carré d'une somme on retranche la somme des carrés, la moitié du résultat est le produit des [deux nombres pris comme] facteurs.

XXIV. — D'un produit multiplié par le carré de 2 et augmenté du carré de la différence [entre les deux facteurs, prenez] la racine : ajoutez et retranchez la différence, [vous aurez respectivement] les deux facteurs en divisant par 2.

XXV. — L'intérêt d'une somme plus l'intérêt [de l'intérêt] est multiplié par le temps et le capital, et augmenté du carré de la moitié du capital : on extrait la racine, on retranche la moitié du capital, on divise par le temps, et l'on a l'intérêt du capital lui-même.

XXVI. — Dans la « règle de trois », le « résultat » (ou « fruit » *phalam*) multiplié par la « demande » et divisé par le « type » donne le « résultat de la demande ».

XXVII *a*. — Les dénominateurs se multiplient l'un l'autre dans la multiplication et dans la division [des fractions].

XXVII *b*. — On multiplie séparément [les deux termes] par le dénominateur opposé pour ramener à la même espèce.

XXVIII. Les multiplications deviennent des divisions, les divisions des multiplications ; ce qui était profit devient déchet, le déchet devient profit [le tout] à l'inverse.

XXIX. — La somme d'un certain nombre de termes diminuée successivement de chacun de ces termes [forme une série de nombres] qu'on ajoute tous ensemble; on divise par le nombre de termes moins un, et l'on obtient la valeur de la somme [primitive].

XXX. — Par la différence entre des objets divisez la différence des roupies que possèdent deux personnes : le quotient est la valeur d'un objet si les fortunes sont égales.

XXXI. — Divisant, en marche opposée, la distance par la somme des vitesses; en marche concordante, la distance par leur différence, les deux quotients sont les temps de rencontre des deux [mobiles] au passé ou au futur.

XXXII et XXXIII. — Divisez le dénominateur de la valeur provisoire la plus forte par le dénominateur de la valeur la plus faible; les restes se divisent l'un l'autre successivement [et les quotients se placent l'un sous l'autre] : on prend un facteur arbitraire, et on [y] ajoute la différence des valeurs provisoires. On multiplie l'inférieur par le supérieur et l'on ajoute le dernier [et ainsi de suite en remontant, puis] on épuise par le dénominateur de la plus petite valeur provisoire : le reste multiplié par le dénominateur de la plus grande [est la partie corrective] qu'on ajoute à la plus grande des valeurs provisoires pour avoir la valeur convenant aux deux dénominateurs [à la fois].

NOTES EXPLICATIVES.

I. — Il y aurait bien quelques remarques à faire sur les noms qu'Âryabhaṭa donne ici aux planètes, noms qui démontrent qu'elles étaient depuis longtemps connues des Indiens. Mais cette dissertation nous entrainerait en dehors de notre sujet, et je préfère la réserver pour l'étude de la partie astronomique du traité, si toutefois je puis l'entreprendre.

II. — Notre auteur s'arrête, dans son énumération, aux *centaines de millions* ou 10^8. Ses successeurs vont plus loin : Bhâskara, dans sa *Lîlâvatî*, pousse sa nomenclature jusqu'à 10^{17}. Voici sa liste, d'après l'édition de Calcutta (1832) :

एकदशशतसहस्रायुतलक्षप्रयुतकोटयः क्रमशः ।
अर्बुदमब्जं खर्वनिखर्वमहापद्मशङ्कवस्तस्मात् ॥
जलधिश्चान्त्यं मध्यं परार्धं इति दशगुणोत्तराः संज्ञाः ।
संख्यायाः स्थानानां व्यवहारार्थं कृताः पूर्वैः ॥

Eka, daça, çata, sahasra-ayuta, laxa
  prayuta-kôṭayas, kramaças
Arbudam, abjam, kharva, nikharva
  mahâpadma-çaṅkavas, tasmât
Jaladhiç ca antyam, madhyam, parârdham
  iti daçaguṇa-uttarâs sañjñâs
Sankhyâyâs sthânânâm
  vyavahâra-artham kṛtâs pûrvais.

Eka, daçan, çata, sahasra, ayuta, laxa, prayuta-kôṭi, arbuda, abja (ou *padma*), *kharva, nikharva, mahâpadma, çaṅku, jaladhi, antya, madhya, parârdha*, sont les PLACES successives, croissant par multiplication de dix en dix, établies pour la pratique par les anciens.

Les quatre premiers noms, puis *laxa* et *kôṭi*, sont d'un usage universel, même parmi les modernes, qui prononcent les deux derniers *lakh* (cf. un *lac* de roupies) et *krôr* (en orthographe anglaise, *crore*). Les autres noms, tant intermédiaires (*ayuta*, *prayuta*) que supérieurs, ne sont employés que dans les traités de mathématiques et d'astronomie, et les différents auteurs ne sont pas d'accord entre eux sur la signification qu'ils leur donnent. On remarquera, du reste, au-dessus de *sahasra* « mille », une grande divergence entre Âryabhaṭa et Bhâskara.

Il est à remarquer que ces noms se multiplient à l'infini, sans qu'on forme ici une unité secondaire ni de *mille* et ses puissances, comme nous le faisons à l'imitation des Latins, ni de la *myriade*, comme chez les Grecs.

III *a*. — J'ai forgé ce mot d'*équi-quadrilatère* pour rendre l'expression originale *sama-caturasra*. Elle est empruntée à la géométrie védique, ou du moins de l'école védique, telle que nous la trouvons dans les *Çulva-sûtrâs* ou « Règles du cordeau », recueil des procédés employés par les Brahmanes pour la construction de leurs autels. Elle est là opposée à *dîrgha-caturasra* ou « carré long », et devrait conséquemment se traduire par « carré équilatéral ». Âryabhaṭa l'emploie ici comme un terme usuel, connu de tous ses lecteurs, et semble avoir, le premier, employé le terme *varga*, primitivement « rangée ou série d'objets semblables », pour désigner à la fois le « carré géométrique » et le « carré arithmétique ».

b. — Notre auteur semble avoir désigné régulièrement les solides par le nombre de leurs *arêtes* et non de leurs *faces* ou *bases* (ἕδρα); car, plus loin (n° VI *b*), nous le verrons appeler notre *tétraèdre* un « solide à six arêtes ».

IV et V. — Les règles données ici pour l'extraction des racines carrée et cubique sont, on en conviendra avec nous, admirables de rédaction, surtout si l'on tient compte de la nécessité où se trouvait l'auteur de se maintenir dans les limites étroites de *deux vers*.

Pour rendre complètement intelligibles les expressions de « tranche carrée, tranche cubique, tranches non carrées ou non cubiques », dont Âryabhaṭa fait usage dans ces règles, je vais reproduire un extrait des commentateurs de la *Lîlâvatî*, cité par Colebrooke (*Algebra of the Hindoos*) et indiquant le procédé pratique suivi par les Indiens pour opérer l'extraction des racines.

Occupons-nous d'abord de la racine carrée. On partage, nous dit en substance le *Manorañjana*, le nombre donné en tranches de deux chiffres, que l'on marque comme ceci :

$$\overset{\scriptsize\mathsf{I\_I\_I}}{88209}$$

Si, partant des plus hautes unités, nous nous arrêtons à un des rangs marqués ı (rang impair à partir de la droite), la tranche ainsi détachée du nombre *contient un carré* : voilà pourquoi Âryabhaṭa l'appelle *varga* « tranche carrée ». Au contraire, si nous nous arrêtons aux rangs marqués - (rangs pairs à partir de la droite), ces nouvelles tranches contiennent, non pas un carré, mais seulement un double produit : d'où vient le nom de *avarga* « tranches non carrées » que leur donne notre auteur.

Pareillement, pour l'extraction de la racine cubique, le nombre se partage en tranches de trois chiffres :

$$\overset{\scriptsize\mathsf{\_I\_\_I\_\_I}}{26198073}$$

Une tranche partant des plus hautes unités et se terminant au signe ı est une *ghana* « tranche cubique »; celle qui se termine sur un - ne renferme pas un cube et s'appelle *aghana* « tranche non cubique ». Il y a ici *deux tranches non cubiques successives*, qu'Âryabhaṭa numérote à partir de la droite : *pûrvâghana* « première non cubique », pour celle qui s'arrête au 7, par exemple; *dvitîyâghana* « deuxième non cubique », pour celle qui se termine sur le 0.

Notons, en passant, que dans sa règle relative à la racine

cubique, la quantité qu'Âryabhaṭa fait soustraire de sa tranche correspond à $3ax^2 + x^3$. Il est donc entendu qu'en prescrivant de diviser la portion limitée au deuxième chiffre non cubique par le triple carré de la racine trouvée, il comprend qu'on fera cette division *complètement et avec reste*, c'est-à-dire que l'on retranchera tout de suite le produit $3a^2x$.

Enfin j'ai cru comprendre, dans les derniers mots de la règle relative à la racine carrée, que l'auteur faisait remarquer à ses disciples que, tandis que l'on avance de deux en deux rangs dans le nombre proposé, on n'obtient la racine que rang par rang, chiffre par chiffre; ce qu'il m'a semblé qu'il exprimait par le mot *sthâna-antaré* « à intervalle d'une place ou d'un rang ».

REMARQUE IMPORTANTE.

Le partage des nombres en tranches « carrées et non carrées, cubiques et non cubiques », que je viens d'expliquer d'après les commentateurs indiens, est supposé à tout instant par Âryabhaṭa, qui y fait de continuelles allusions. J'insisterai quelque jour sur ce fait, lorsque j'exposerai en quoi consiste au juste sa prétendue invention d'un système particulier de notation numérique, telle que l'*Âryabhaṭîyam* nous permet aujourd'hui de la juger. Or ce partage ne peut se faire que si le nombre est écrit en *chiffres* juxtaposés, tirant leur valeur de leur *position seule* (*sthâna*), comme nous l'avons vu plus haut, et au moyen d'un signe spécial propre à tenir la *place* à laquelle ne correspondrait pas de chiffre proprement dit. Ce fait est d'une importance capitale, vu l'âge bien établi de notre auteur. Tout l'énoncé des règles d'extraction des racines, tel qu'il est donné ici, ne peut évidemment s'appliquer qu'à un nombre écrit, comme nous venons de le dire; et rien dans cet énoncé ne suppose, contrairement à ce que nous avons remarqué à propos de la généralisation de l'emploi du mot *carré*, une innovation de la part de notre auteur. Donc, non seulement Âryabhaṭa opérait sur des nombres écrits *en chiffres avec valeur de position et zéro*, mais la pratique de ces sortes d'opérations était déjà familière à l'époque où il écrivait, ce qui suppose qu'elle existait déjà depuis un certain temps.

VI *a*. — Il faut concevoir le triangle partagé en deux triangles rectangles par une perpendiculaire abaissée du sommet sur le côté opposé, laquelle est alors commune aux deux segments. Les expressions *kôṭi* et *bujâ*, qui désignent les deux côtés de l'angle droit d'un triangle rectangle, seront définies en parlant du gnomon, aux strophes XV et XVI.

b. — J'ai longtemps hésité à admettre la bonne conservation du texte en cet endroit; mais le vers est parfaitement régulier, et on ne saurait, sans le rendre boiteux, substituer le *tiers* à la *moitié* du produit. Il n'y a pas non plus à se méprendre sur la nature du solide en question : le commentateur l'appelle सर्वतस् त्रिकोणं क्षेत्रं « une figure ayant des faces triangulaires partout ». — Il faut donc accepter comme authentique l'énoncé de notre auteur, et y voir une preuve, conservée fidèlement à travers les âges, de son ignorance en géométrie de l'espace, ignorance dont nous aurons une preuve nouvelle dans un instant, à propos du volume de la sphère. Et alors, le maintien de ces fautes grossières, qui eussent pu être corrigées, ou tout au moins relevées, par les commentateurs disciples de Bhâskara, nous est un garant très précieux de la servilité avec laquelle les copistes nous ont transmis intact le texte primitif d'Âryabhaṭa, et nous rend d'autant plus fort pour attribuer à ce savant lui-même la rédaction des propositions vraies qui se rencontrent heureusement en grand nombre dans l'ouvrage qui porte son nom.

VII *a*. — Voici le second exemple, que j'annonçais tout à l'heure, des connaissances insuffisantes de notre auteur en stéréométrie. La formule qu'il donne pour le volume de la sphère, $\sqrt{\pi^3}R^3$, n'est même pas une approximation numérique, puisqu'elle supposerait $\sqrt{\pi} = \frac{4}{3}$: or

$$\sqrt{\pi} = \frac{177245\ldots}{100000\ldots} = \frac{5.31735\ldots}{3.0000\ldots} > \frac{5}{3}.$$

Mais elle a, pour l'histoire des mathématiques, d'autant plus de valeur, parce qu'elle nous démontre que si Âryabhaṭa avait reçu quelque enseignement des Grecs, il ignorait au moins les travaux d'Archimède.

b. — Il s'agit ici d'un trapèze dont les côtés parallèles sont placés verticalement, en sorte que ce ne sont plus des « bases », comme chez nous, mais des « flancs » (*pârçva*); la perpendiculaire commune à ces « flancs » n'est plus une « hauteur », mais un « écartement » (*âyâma*). Cette disposition de la figure et la terminologie qui y correspond sont probablement empruntées aux *Règles du cordeau* des Brahmanes, dont j'ai déjà dit un mot. Dans ces traités, en effet, le plan de l'autel affecte habituellement la figure d'un animal (oiseau, tortue, etc.), et c'est d'après cette figure que tous les éléments du plan sont dénommés, alors même que ce plan affecte une forme purement géométrique. La ligne médiane ou axe de symétrie de cette figure, laquelle, soit dit en passant, est orientée sur la ligne est-ouest, porte le nom d'« arête du dos », पृष्ठ्या *prshṭyâ*. Les côtés latéraux parallèles à cet axe, s'il s'agit de construire un rectangle, par exemple, s'appellent les « flancs », पार्श्वे *pârçve* ou les « hanches », श्रोणी *çrôṇî*, et leur distance normale à l'axe est l'« épaule », अंस: *amsas*: l'appareilleur obtient cette épaule « en s'éloignant », अपायम्य *apâyamya*, du piquet planté sur la médiane : d'où l'expression de आयाम *âyâma*, par laquelle Âryabhaṭa désigne l'écartement des « flancs ».

VIII *a.* — Dans ce premier théorème, l'auteur donne les portions x et y de l'écartement total h comprises entre le point de rencontre des diagonales du trapèze et les flancs b et B. Les valeurs qu'il donne résultent de la similitude des deux triangles formés par les diagonales et les bases, et de la proportion

$$\frac{x}{b} = \frac{y}{B} = \frac{x+y=h}{b+B}.$$

b. — La deuxième règle est notre énoncé bien connu.

IX *a*. — J'ai tenu à traduire strictement mot à mot cet énoncé qui prescrit de « décomposer une figure quelconque en une succession de trapèzes », pour en évaluer la surface, parce que ce procédé m'a paru fort important pour l'époque. Le plus curieux, c'est que le commentateur ne l'a pas compris : il paraphrase, en effet : आयामविस्तारात्मकौ बाहू प्रसाध्य *âyâma-vistâra-âtmakau bâhû prasâdhya* « en déterminant les deux *bras* (dimensions) qui sont la hauteur et la largeur.... » Le procédé de la décomposition en trapèzes se serait-il donc perdu après Âryabhaṭa ?

b. — Je n'ai rien à dire de cette proposition, dont il est bon toutefois de prendre acte pour l'histoire.

X. — Si l'on effectue les opérations prescrites par l'auteur, on trouve pour résultat :

$$\pi = \frac{62832}{20000} = 3,1416,$$

expression remarquable et par son approximation et par la façon dont elle est énoncée. Âryabhaṭa LIT le nombre 62832 à la façon indienne, en commençant par les plus basses unités, mode de lecture que nous connaissons par les énonciations de nombres à l'aide de mots symboliques qui en représentent les chiffres successifs, comme on en rencontre à chaque instant dans les livres sanscrits, tibétains et javanais. Il nous dit donc ici $32 + 800 = (4 + 100)8$ et $(2 + 60)1000$.

Quant à l'approximation elle-même et à son histoire, j'avais d'abord cru devoir présenter quelques réflexions à ce sujet; mais j'ai vu que j'étais entraîné trop loin, et je préfère réserver cette étude pour un travail spécial. Je me contenterai des quelques remarques suivantes :

1° Al-Khârizmi cite cette valeur $\frac{62832}{20000}$ comme due aux « astronomes » indiens.

2° La valeur $\sqrt{10}$, que le même auteur attribue aux « mathématiciens », est donnée, en effet, par Brahmagupta (voir Colebrooke, *Algebra*, etc., Brahmeg., n° 40) comme « valeur exacte », *sphûtâ*. Âryabhaṭâ n'en fait pas mention.

3° Il ne fait pas mention non plus de $\frac{22}{7}$, expression que l'histoire attribue à Archimède et dont Bhâskara fait un continuel usage. Ceci rentrerait dans une observation que j'ai faite plus haut (n° VII *b*), à savoir qu'Âryabhaṭa ne connaissait pas les travaux du géomètre de Syracuse.

4° L'énoncé d'Âryabhaṭa, 62832, pour un diamètre de deux myriades, est curieux en ceci, qu'il ne présente pas la forme la plus simple de la fraction, forme simple qu'a adoptée Bâskara, savoir $\frac{3927}{1250}$. Le choix d'un diamètre de *deux myriades*, ou plutôt du nombre *une myriade* pour le *rayon*, ἡ ἀπὸ τοῦ κέντρου, comme disaient Aristote et Euclide, est assurément un argument très puissant en faveur d'une origine grecque de l'expression en question : car les Grecs seuls au monde ont fait de la *myriade* l'unité numérique de second ordre.

XI. — En se bornant aux termes mêmes du texte, et sans recourir au commentaire, dont les explications ne répondent assurément pas à ce texte, il faut comprendre tout simplement qu'Âryabhaṭa prescrit de partager « le quart de la circonférence », *paridhi-pâdam*, en parties égales, de mener par chaque point de division une parallèle au rayon qui passe par l'origine des arcs, laquelle partagera le quadrant en un triangle et un trapèze *mixtilignes*, et découpera sur le rayon qui termine le quadrant, rayon normal à celui de l'origine des arcs, une longueur égale au *sinus* de l'arc qu'on aura pris.

La liste des « différences premières » de ces sinus, qui constitue la strophe X du premier chapitre de l'*Âryabhaṭîyam*, nous montre que, comme l'ont fait ses successeurs, Âryabhaṭa partageait le quadrant en vingt-quatre parties, valant chacune, par conséquent, $3°45' = 225'$. Voici le tableau de ces différences, empruntées au passage ci-dessus, et des sinus qu'on en déduit, lesquels sont exactement conformes à la liste du *Sûrya-Siddhânta*.

ARCS.	SINUS.	DIFFÉRENCES.	ARCS.	SINUS.	DIFFÉRENCES.	ARCS.	SINUS.	DIFFÉRENCES.
0	0		8	1719'		16	2978'	
		225'			191'			106'
1	225'		9	1910'		17	3084'	
		224'			183'			93'
2	449'		10	2093'		18	3177'	
		222'			174'			79'
3	671'		11	2267'		19	3256'	
		219'			164'			65'
4	890'		12	2431'		20	3321'	
		215'			154'			51'
5	1105'		13	2585'		21	3372'	
		210'			143'			37'
6	1315'		14	2728'		22	3409'	
		205'			131'			22'
7	1520'		15	2859'		23	3431'	
		199'			119'			7'
8	1719'		16	2978'		24	3438'	

XII. — Comme il est facile de le vérifier, chacune de ces différences se déduit de la précédente en en retranchant *la partie entière du quotient du dernier sinus par le premier*, ou, en notation algébrique,

$$\Delta_{n+1} = \Delta_n - \frac{S_n}{S_1},$$

S_1 désignant ici le sinus de l'arc 1 ou 225'; et cette formule s'applique déjà au second sinus, car

$$449 = 225 + 224 = S_1 + \left(S_1 - \frac{S_1}{S_1}\right).$$

C'est assurément cette loi qu'Áryabhaṭa énonce dans sa strophe XII. Le second vers est clairement la traduction en langage ordinaire de la formule générale que j'ai écrite plus haut. Le premier vers contient-il le cas particulier que j'ai donné ensuite en chiffres, et qui se rapporte au second sinus; ou bien, comme le veut le commentaire, fort peu intelligible, du reste, en cet endroit, s'agit-il déjà dans ce vers d'un commencement d'énoncé de la règle générale? J'avoue que je l'ignore absolument, et que je n'ai jamais pu construire grammaticalement ce vers, de façon à en faire sortir un sens quelconque : aussi ai-je mieux aimé le laisser sans traduction que d'en risquer une erronée.

M. Burgess, dans ses savantes notes au *Súrya-Siddhânta* (livre Ier, çloka 27), discute et justifie les formules qu'emploient les astronomes indiens pour dresser leur table de sinus. J'y renverrai le lecteur, me contentant pour le moment de faire remarquer que si, au lieu de prendre, comme le fait M. Burgess, le rapport entre les 3438' contenues, suivant la table, dans le rayon, et les 10800' de la demi-circonférence, ce qui donne $\pi = 3{,}14136$, on divise, au contraire, les 10800' par la valeur $\pi = 3{,}1416$ que notre auteur nous a donnée plus haut, on trouve, *à une demi-minute près*, R = 3438', et, la preuve faite, on retrouve 10800,8' pour la demi-circonférence. Or Áryabhaṭa ne prenant, comme on l'a vu plus haut, que la *partie entière de ses quotients*, ne pouvait pas trouver pour son rayon exprimé en minutes, ou pour $\frac{10800}{3{,}1416}$, un autre nombre que 3438'.

Pour juger sainement les opérations numériques des anciens mathématiciens, il faut se tenir dans les limites d'approximation où ils se renfermaient eux-mêmes, et ne pas pousser les calculs plus loin qu'eux.

Pendant que l'occasion se présente de parler de cette table de sinus, qu'on me permette encore une remarque qui n'est pas sans importance.

Les sinus, tels que les donne le *Sûrya-Siddhânta*, leurs différences premières, telles que les énonce Âryabhaṭa, sont évalués en *minutes*, c'est-à-dire en divisions *sexagésimales*. Or nous savons aujourd'hui, depuis la découverte, faite dans la bibliothèque de Sardanapale IV, de listes de racines carrées et cubiques [1], que la numération sexagésimale était d'un usage exclusif chez les Chaldéens, et, d'autre part, le papyrus mathématique égyptien récemment publié par M. Eisenlohr nous démontre qu'en Égypte on faisait plutôt usage des fractions décimales, pour lesquelles le papyrus en question a même une notation spéciale. Ne serait-on pas en droit d'induire de là que la table de sinus en question est d'origine chaldéenne ?

Messieurs les assyriologues nous disent avoir trouvé dans la bibliothèque dont je parlais plus haut un traité d'astronomie. S'ils ne se sont pas trompés dans leurs assertions, on doit nécessairement trouver là une table analogue à celle que nous fournissent les astronomes indiens : il serait du plus haut intérêt qu'on la cherchât et qu'on prît la peine de la publier, si elle existe.

XIII. — Les définitions données ici par Âryabhaṭa ne présentent aucune difficulté d'interprétation : elles sont ame-

---

[1] Lorsque j'ai écrit ce passage, je n'avais pas encore pu me procurer le très intéressant travail de M. Fr. Lenormant intitulé : *Essai sur un document mathématique chaldéen*. Paris, 1868 (autographié). Je m'empresse d'y renvoyer les amateurs d'histoire des mathématiques. Je n'en maintiens qu'avec plus d'ardeur le vœu exprimé par moi, que les assyriologues veuillent bien explorer au profit de la science les trésors découverts dans la bibliothèque de Senkéreh.

nées, je crois, tout naturellement pour servir d'introduction à la théorie du gnomon dont notre auteur s'occupe dans les strophes qui suivent. Il est étrange seulement qu'il n'ait pas dit un mot de la construction de cet instrument.

Le commentaire prend occasion de ces définitions pour décrire avec grands détails la construction et l'emploi de l'outil qui servait à décrire la circonférence, outil qu'il appelle कर्कट *karkaṭa* « crabe ou écrevisse »; le tracé pratique, sur le terrain, d'un triangle dont on connaît les trois côtés, au moyen de trois « baguettes », शलाका *çalâkâ*, coupées à la longueur des côtés; le procédé pour niveler un terrain; l'emploi du fil à plomb. J'aurais bien aimé reproduire ces explications, qui me paraissent se rapporter aux pratiques en usage à une époque déjà ancienne, si toutefois je ne me trompe pas en interprétant les mots du commentateur, एतद् उक्तं भवति « voici ce que l'on dit », par « voici ce que la tradition rapporte ». Malheureusement il n'y a rien à tirer de sa description du *karkaṭa*. Ce qu'il dit de la construction des triangles n'a rien de nouveau, et, en outre, suppose connus les trois côtés, ce que ne dit nullement le texte. Pareil reproche s'adresse à son quadrilatère, qu'il fait construire, au moyen des côtés, alternativement sur l'une et sur l'autre des diagonales. Je me bornerai donc à donner le procédé qu'il indique pour obtenir un sol de niveau, parce que le procédé est tellement primitif qu'il pourrait bien être assez ancien :

चक्षुस्सूत्रेण भूमिं समतलां कृत्वा तत्रैकं वृत्तम् आलिख्य तद्बहिर् द्वयङ्गुलान्तरितं त्र्यङ्गुलान्तरितं वा वृत्तान्तरञ्च विलिख्य परिधितो ऽन्तरालप्रदेशं बाह्या कुल्यां संपाद्य तां कुल्याम् अद्भिः पूरयेत् । तत्र परितो जलं भूसमं चेत् भूमिस्समा भवति । यत्र जलस्य नीचत्वं तत्र भूमेर् उन्नतिस् स्यात् । यत्र जलस्योन्नतिस् तत्र भूमेर् नीचत्वं स्यादिति ॥

Ayant fait à l'œil le sol d'égal niveau, on y dessine un cercle puis en dehors un « entre-cercles » (espace annulaire) large de deux ou trois doigts, et l'on creuse l'intervalle entre les deux circonférences pour se procurer une rigole; cette rigole, on l'emplit d'eau. Si tout autour l'eau est à fleur de la terre, le sol est de niveau; là où [l'on voit] un abaissement de l'eau, il y a surélévation du sol, là où il y a surélévation de l'eau, il y a dépression du sol. Voilà.

XIV. — Par suite d'une erreur d'impression, causée par la grande similitude des lettres ख *kha* et स्व *sva*, le texte porte खवृत्तस्य « du cercle aérien », et le commentaire स्ववृत्तस्य « du cercle propre » : comme je n'ai pas trouvé mention de ce cercle dans d'autres auteurs, je n'ai pu me décider pour l'une de ces orthographes plutôt que pour l'autre. Le commentateur le définit comme suit : छायाग्रमध्यं शङ्कुशिरः प्राप्ति यन् मण्डलम् ऊर्ध्वाधस्थितं तत् स्ववृत्तमित्युच्यते । « le cercle qui a son centre à l'extrémité de l'ombre, qui atteint la tête du style et est placé verticalement, s'appelle le cercle propre ». J'avoue ne pas comprendre à quoi peut servir ce cercle ainsi tracé : s'il avait son centre, au contraire, au sommet du style, ce pourrait-être, dans un gnomon à style vertical, le cercle horaire de l'astre, en degrés duquel on peut évaluer la hauteur dudit astre au-dessus de l'horizon. La dénomination de खवृत्त *khavṛtta* « cercle aérien » ou « cercle en l'air » se comprendrait alors. — Mais nous allons voir qu'Āryabhaṭa semble avoir opéré avec un gnomon à style horizontal projetant son ombre sur un mur vertical.

XV et XVI. — Avant de passer à l'explication géométrique, fort simple du reste, de ces deux problèmes, j'ai besoin de faire une remarque au sujet des expressions par lesquelles Āryabhaṭa dénomme les deux côtés du triangle rectangle dont il cherche les éléments.

Il désigne la distance du point lumineux au plan sur lequel se projette l'ombre par भुजा *bhujā* « le bras », et la distance entre le pied du support de la lumière et la pointe de l'ombre par कोटि *kôṭi* « sommet, supériorité, hauteur ». Au contraire, Brahmagupta et ses successeurs appellent la distance de la « pointe de la flamme » (ou de la « lampe »), दीपशिखा *dîpaçikâ*, au plan : औच्यं *auccyam*, mot abstrait dérivé de उच्च *ucca* « haut, élevé », et signifiant par suite « hauteur », et la longueur entre le « pied de la lampe », दीपतल *dîpa-tala*, le « pied du style », शङ्कुतल *çaṅku-tala*, la « base » ou le « sol », मूः *bhûs*.

Du rapprochement de ces expressions semble résulter que si Brahmagupta opérait sur un gnomon à plan horizontal et à style vertical, Âryabhaṭa faisait usage d'un gnomon à plan vertical et à style horizontal.

J'avais besoin de cette observation pour tracer la figure qui va me servir à interpréter les termes des énoncés d'Âryabhaṭa.

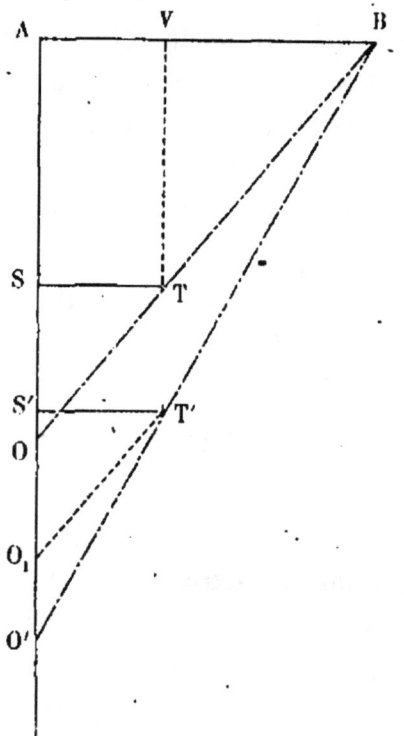

Soit donc AB un « bras » भुजा horizontal portant une lumière ; ST, un « style » शङ्कु, dont la longueur est connue. Ce style projette sur le mur une ombre SO, et :

XV. — Étant donnée la longueur du bras AB, on demande celle de l'ombre SO.

Les vers d'Âryabhaṭa sont simplement l'énoncé en langage ordinaire de la formule

$$SO = ST \frac{VT}{VB}.$$

XVI. — La hauteur, कोटि, du point A et la longueur du bras AB sont inconnues : on met alors le style dans deux positions, ST et S'T', ce qui donne deux ombres successives, SO et S'O', et l'on a alors :

$$OA = SO \frac{OO'}{O'O_1} \text{ et } AB = ST \frac{OA}{SO},$$

propositions qu'il est facile de vérifier sur la figure.

XVII a. — Nous avons ici l'énoncé, formulé d'une manière générale, du théorème dit de Pythagore, dont notre auteur s'était déjà servi au n° XIV.

Les *Règles du cordeau*, dont j'ai déjà parlé plus haut, énoncent en ces termes ce théorème général :

दीर्घचतुरस्रस्याक्ष्णयारज्जुः पार्श्वर्मानी तिर्यङ्मानी च यत् पृथग्भूते कुरुतस् तद् उभयं करोति ॥ ४ ८ ॥

Mot à mot :

« La corde en biais d'un carré long : ce que font séparément la mesure du flanc et la mesure du travers, elle les fait tous deux à la fois. » (Règle 48.)

Et l'auteur ajoute :

त्रिकचतुष्कयोर् द्वादशिकपञ्चिकयोः पञ्चदशिकाष्टिकयोः सप्तिकचतुर्विंश-त्रिकयोर् द्वादशिकपञ्चत्रिंशत्रिकयोः पञ्चदशिकषट्त्रिंशत्रिकयोर् इत्येतासूप-लब्धिः ॥ ४९ ॥

C'est dans 3 et 4, 12 et 5, 15 et 8, 7 et 24, 12 et 35, 15 et 36, que l'on en a la conception (*upalabdhi*, ὑπόληψις). (Règle 49.)

Ils se servent, du reste, des triangles 3, 4, 5 et 5, 12, 13, pour tracer, dans le plan de l'autel, l'« épaule » perpendiculaire sur la « ligne du dos », et font usage du théorème général pour obtenir un carré multiple ou sous-multiple d'un carré donné.

J'appellerai l'attention des lecteurs sur la manière dont Baudhâyana (l'auteur des *Règles du cordeau*) exprime le « carré construit sur une ligne » : यत् कुरुतः *yat kurutas* « ce que font » (au duel) les deux côtés, तत् करोति *tat karôti*, « cela fait » la diagonale.

Il y a deux remarques importantes à faire sur cette expression :

1° Elle nous fournit l'étymologie du mot करणी *karaṇî*, par lequel les *Règles du cordeau* désignent toujours « le côté d'un carré », et que Brahmagupta et Bhâskara ont employé pour désigner la « racine d'un nombre incommensurable », ce que les Anglais (à la suite des Arabes et des Italiens de la Renaissance) appellent « a *surd* quantity ».

2° On ne peut s'empêcher de la rapprocher de l'expression grecque ὁ ἀπὸ τῆς $\overline{\alpha\beta}$, qu'elle reproduit absolument, et l'on est dès lors porté à se demander laquelle des deux est calquée sur l'autre.

b. — Ce théorème s'énonce aujourd'hui en ces termes : « La perpendiculaire abaissée d'un point de la circonférence sur un diamètre est moyenne proportionnelle entre les deux segments du diamètre. » Avouons que l'énoncé d'Âryabhaṭa est plus court et plus facile à saisir que le nôtre. (Cf. Rouché et de Comberousse, n° 223, 2°.)

XVIII. — Ce théorème sert dans le calcul des éclipses : la figure en facilitera l'intelligence.

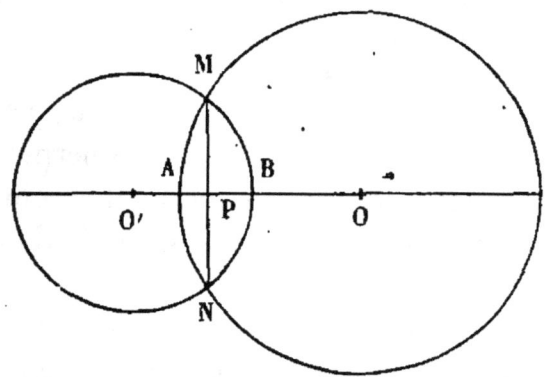

On sait que dans les idées mythologiques des Indiens, les éclipses sont causées par la morsure d'un dragon, nommé *Râhu* : voilà pourquoi le fuseau MANB est appelé par les astronomes du pays ग्रास *grâsa* « la bouchée, le morceau ». Le théorème qu'énonce Âryabhaṭa répond aux formules connues :

$$PB = \frac{AB(d-AB)}{D+d-2AB} \text{ et } AP = \frac{AB(D-AB)}{D+d-2AB}.$$

XIX. — Nous abordons ici la théorie des progressions arithmétiques.

a. — Je dois à l'explication du commentateur d'avoir compris que l'expression सपूर्वं *sa-pûrvam* devait se traduire par « augmenté du nombre des termes qui précèdent », et qu'il s'agissait ici d'avoir la somme d'un nombre « quelconque » (इष) de termes *pris n'importe où dans la progression*.

Soit donc S cette somme, comprenant n termes qui s'étendent du p^{ieme} au q^{ieme} : on a, d'après les formules connues :

$$S = q\left(a + \frac{q-1}{2}r\right) - p\left(a + \frac{p-1}{2}r\right)$$

$$= (q-p)a + \left(q\frac{q-1}{2} - p\frac{p-1}{2}\right)r$$

$$= (q-p)a + \frac{r}{2}(q^2 - p^2 - q + p)$$

$$= (q-p)\left[a + \frac{r}{2}(q+p-1)\right]$$

$$= (q-p)\left[a + \left(\frac{q-p-1}{2} + p\right)r\right]$$

$$= n\left[a + \left(\frac{n-1}{2} + p\right)r\right].$$

C'est bien cette dernière formule qu'Âryabhaṭa énonce.

b. — La deuxième formule, qui est celle que nous employons aujourd'hui, ne s'applique qu'au cas où l'on part du premier terme de la progression, c'est-à-dire où, dans la formule qui précède, on fait $p=0$.

XX. — Si nous repartons de cette valeur de la somme, dans laquelle nous ferons $p=0$, savoir :

$$S = n\left(a + \frac{n-1}{2}r\right),$$

et si nous l'ordonnons par rapport à n, nous arrivons à l'équation du second degré

(1) $\qquad rn^2 - (r-2a)n - 2S = 0,$

d'où nous tirons :

(2) $\qquad n = \dfrac{(r-2a) \pm \sqrt{(r-2a)^2 + 8Sr}}{2r},$

ce qui peut encore s'écrire :

(3) $\qquad n = \dfrac{1}{2}\left(1 + \dfrac{-2a \pm \sqrt{(r-2a)^2 + 8Sr}}{r}\right).$

C'est l'expression que lit pas à pas Âryabhaṭa, en énumérant les différents termes de *droite à gauche*, comme il le fait pour lire les différents chiffres d'un nombre.

Il y a plusieurs conclusions d'une importance capitale pour l'histoire à tirer de là :

1° A l'époque où vivait Âryabhaṭa, on savait déjà résoudre une équation du second degré, qui, comme la formule (1) ci-dessus, est de la forme générale

$$ax^2 + bx + c = 0.$$

2° On savait la résoudre sous la forme

$$x = \frac{-b \pm \sqrt{b^2 - 4ac}}{2a}$$

que nous présente la formule (2).

3° Enfin cette formule (2) obtenue, on savait la transformer et la mettre sous la forme (3), et cela *en donnant aux différents nombres qui y entrent pour représenter les éléments de la progression* UNE SIGNIFICATION GÉNÉRALE.

On savait donc faire des calculs algébriques !

J'irai plus loin, puisque cette occasion m'y amène : on peut réellement noter en sanscrit cette formule tout entière.

Nous savons, en effet, par les chapitres de Brahmagupta et de Bhâskara consacrés à ce qu'ils appellent le कुट्टक *kuṭṭaka*, c'est-à-dire à l'*analyse indéterminée du premier degré*, à la résolution en nombres entiers de l'équation à deux variables

$$ax + by = c,$$

(chapitres que j'étudierai en détail quelque jour), que les mathématiciens de l'Inde étaient dans l'usage de représenter, comme nous le faisons en physique, d'une manière toute générale, les quantités diverses qu'ils soumettaient au calcul par *les initiales de leur nom*. On peut, à ce sujet, consulter Colebrooke dans sa traduction des chapitres dont je parle. Nous pouvons donc ici employer les symboles suivants :

ग initiale de गच्छ *gaccha* « période », pour désigner le nombre de termes »,

उ initiale de उत्तर *uttara* « raison »,

अ initiale de आदि *adi* « premier, *sous-entendu* terme »,

ध initiale de धन *dhana* « la somme », comme à la strophe précédente.

ceux-ci spéciaux aux progressions ; puis les signes algébriques connus :

· pour le signe —,

भ initiale de भवित *bhavita* « produit »,

क initiale de करणी *karaṇī* « racine ».

व initiale de वर्ग *varga* « carré »,

रु initiale de रूप *rûpa* « unité numérique » ;

et la formule d'Âryabhaṭa s'écrira, avec ces signes, et en plaçant, suivant l'usage indien, les coefficients numériques *après* les lettres :

$$\frac{\text{ग२}}{\text{रु१}} \quad \frac{\text{अ२ क॥ व।३१ अ२। भध३ ट॥}}{\text{३१}}$$

J'aurais même pu la citer dans l'écriture du temps d'Âryabhaṭa si nous connaissions la forme que les mathématiciens de cette époque donnaient à leurs chiffres.

XXI. — Âryabhaṭa nous donne ici le contenu d'une pile « de boulets » à base triangulaire dont les côtés des bases forment une progression arithmétique de raison 1 ayant aussi pour premier terme 1. J'ai rendu par « base » le mot उपचिति *upaciti*, mot à mot « sous-pile, sous-monceau ». — Dans les *Çulba-sûtrâs* « Règles du cordeau », *cit* ou *citi* est le nom du massif de maçonnerie (en briques) qui constitue l'autel.

a. — On reconnaîtra sans peine, dans l'énoncé de notre auteur, la formule connue

$$P = \frac{n(n+1)(n+2)}{1.2.3}.$$

b. — Si nous développons le produit au numérateur nous trouverons,

$$P = \frac{n^3 + 3n^2 + 2n}{6} = \frac{(n+1)^3 - (n+1)}{6}$$

comme Âryabhaṭa le dit dans son quatrième demi-vers.

Chose bizarre et bien digne d'être notée : notre auteur, qui sait si bien trouver combien renferme de boulets une pile triangulaire en comptant seulement ceux qui se trouvent sur l'arête, ne sait pas dire combien renferme d'unités de volume un tétraèdre dont il connaît la base et la hauteur! Les historiens qui pensent qu'on est arrivé aux évaluations de surface et de volume, et de là à la théorie des nombres figurés, en comptant les points que l'on pouvait ranger à distance régulière dans les aires et les solides à mesurer et en comparant ce nombre à celui des points distribués sur les arêtes, pourraient bien, en présence d'exemples comme celui-ci, être obligés de renoncer à leur explication, qui n'est basée sur rien.

XXII b. — Notre auteur donne encore ici les formules connues

$$S_2 = \frac{n(n+1)(2n+1)}{1.2.3.}$$

et

$$S_3 = \frac{n^2(n+1)^2}{4} = S_1^2.$$

Il faut seulement, dans le premier énoncé, faire attention, comme le remarque le commentateur, que le « dernier terme » पद *pada* et le « nombre des termes » गच्छ *gaccha* ont la même valeur numérique.

XXIII et XXIV. — Ces deux théorèmes ne donnent lieu à aucune observation particulière.

XXV. — Il est facile de voir que l'énoncé de notre auteur peut se traduire, en algèbre moderne, par la formule

$$Ait = \sqrt{(Ai + Ai.it)At + \frac{1}{4}A^2} - \frac{1}{2}A$$

et le calcul effectué, on trouve que l'égalité est exacte : les deux qualités $Ai + Ai.it$ répondant bien à l'énoncé : « l'intérêt d'une somme augmenté de l'intérêt des intérêts ». Il est seulement assez bizarre que dans le premier terme Ai le temps n'entre pas, tandis qu'il entre dans l'autre terme $Ai.it$: il paraît, du reste, d'après l'exemple numérique donné par le commentateur, que tel est bien l'usage des Indiens.

XXVI. — J'ai déjà parlé des dénominations données par les Indiens aux termes d'une proportion dans mon étude sur l'*Algèbre d'Al-Khârizmi*, p. 47.

Âryabhaṭa ne nous parle ici que de la « règle de trois » त्रैराशिकं *trairâçikam*. Ses successeurs traitent aussi des règles de trois composées, qu'ils appellent « règles de cinq, de sept, » etc., et même « de onze ».

XXVII *a*. — Cet énoncé sous-entend sans doute qu'on donne le produit des dénominateurs pour dénominateur au produit des numérateurs, qui n'est pas mentionné probablement parce que, comme il s'agit d'une multiplication, l'obtention de ce produit paraissait chose toute naturelle. Il sous-entend aussi ce que nous trouvons articulé par Brahmagupta :

परिवर्त्य भागहारच्छेदांग्रौ छेदसङ्गुणयप्रछेदः ।
अनेन गुणो भाज्यस्य । भागहारः संवर्णितयोः ॥ ४ ॥

Après interversion, au diviseur, du dénominateur et du numérateur, on multiplie dénominateur par dénominateur, et par celui de l'autre [facteur] le numérateur du dividende : voilà la division de deux quantités *réduites à la même espèce* (c'est-à-dire, d'après le commentateur, « de deux nombres fractionnaires écrits chacun sous forme de fraction unique »).

b. — Rien à dire à cette règle de la réduction au même dénominateur. Remarquons seulement l'expression sanscrite सवर्णत्वं *sa-varṇa-tvam* « état d'être de même *varṇa* ». Ce mot *varṇa*, on le sait, signifie primitivement « couleur », puis il a été employé pour désigner les « castes » de la nation. Ici, enfin il représente la même idée que notre mot « espèce ».

XXVIII. — Âryabhaṭa formule ici en règle une méthode de calcul fort en renom dans l'Inde, que Bhâskara, qui y consacre tout un chapitre, appelle विलोमक्रिया *vilôma-kriyâ* « l'opération rétrograde ». Elle consiste à appliquer en sens inverse au résultat *annoncé* ou *demandé par l'énoncé* d'un problème toutes les opérations renversées par lesquelles l'énoncé lui-même prescrit de faire passer le nombre cherché pour arriver au résultat. Voici, par exemple, l'application numérique donnée ici par le commentateur :

कस् त्रिघ्नः पञ्चभिर्भक्तः षड्भिर्युक्तः पदीकृतः ।
एकोनो वर्गितो वद संख्यस् स गणकोच्यतां ॥

Quel est le nombre tel que le multipliant par 3, puis divisant par 5, ajoutant 6, extrayant la racine, retranchant 1, élevant au carré, on obtienne 4 ?

Ce résultat 4 est, comme ils disaient, « ce qu'on doit voir » दृश्यं *dṛçyam*. Il résulte en dernier lieu d'une élévation au carré : prenons la racine, nous aurons 2 ; — on a retranché 1, ajoutons-le, il vient 3 ; on a extrait une racine, élevons au carré, soit 9 ; — on a ajouté 6, retranchons-les, reste 3 ; — on a divisé par 5, multiplions, il vient 15 ; — on a multiplié par 3, divisons, le nombre demandé est 5.

XXIX. — Ce théorème, dont j'ai dû littéralement délayer l'énoncé pour le faire passer en français, tant sont laconiques les expressions de l'auteur, n'est que la traduction en langage ordinaire de ce calcul très simple dont je vais donner un exemple pour quatre termes (चतुष्पदगच्छं *catushpada-gaccham*, dirait Âryabhaṭa).

$$S_4 - d = a + b + c = m$$
$$S_4 - a = b + c + d = p$$
$$S_4 - b = a + c + d = q$$
$$S_4 - c = a + b + d = s$$
$$\overline{3a + 3b + 3c + 3d = m + p + q + s.}$$

Le commentateur, dans l'exemple numérique sur lequel il explique ce calcul, ne manque par d'ajouter :

Puisque $\frac{m+p+q+s}{3} = a+b+c+d$,

il en résulte que

$$\frac{m+p+q+s}{3} - m = d \quad \frac{m+p+q+s}{3} - p = a \ldots \text{etc.},$$

conclusion qui était à coup sûr ajoutée dans l'enseignement oral de l'école.

XXX. — Ces deux vers nous donnent, formulée avec une précision et une généralité remarquables, la résolution de l'équation du premier degré à une inconnue; ils reviennent en effet à ceci :

Deux individus पुरुषौ *purushau* possèdent le même capital, ou mieux « une fortune équivalente » अर्थकृतं तुल्यं *arthakṛtam tulyam* (sur l'étymologie et le sens propre de ce mot *tulya*, v. l'*Algèbre d'Al-Khârizmi*, p. 17), composé, pour l'un et pour l'autre, d'une certaine quantité d'un objet (गुलिका *gulikâ*) quelconque (गवादिद्रव्यं *gavâdidravyam* « une marchandise quelconque, vache, etc. » dit le commentateur) et d'une certaine somme d'argent (रूपकाः *rupakâs*, des « pièces à effigie »; le commentateur dit : पणादि *paṇâdi* « des paṇas, etc. » ou स्वर्णादिद्रव्यं *svarṇâdi dravyam* « des valeurs en or ou autres »); mais le nombre des objets possédés, le montant de la somme en espèces sonnantes, varient de l'un à l'autre, on a donc l'équation

$$mx + a = px + b,$$

et Âryabhaṭa nous dit qu'alors

$$x = \frac{b-a}{m-p}.$$

Remarquons qu'il ne fait aucune distinction relativement

aux signes respectifs des nombres m, p, a, b qui entrent dans la formule; nous sommes donc autorisés à penser que lui déjà, comme nous le voyons faire à ses successeurs, ne se préoccupait aucunement de la question des signes dans l'énoncé d'une règle générale. On avait appris une fois pour toutes, dans la logistique, ou, comme on disait dans l'Inde, dans les « six opérations » षड्विधं *shaḍ-vidham* (v. *Al-Khârizmi*, p. 21), à appliquer ces six opérations aux quantités négatives ऋणं *ṛṇam* quand on les rencontrait, et dès lors on ne se préoccupait plus de leur présence. Au reste, le distique qui va suivre va nous fournir une preuve irrécusable de cet emploi des nombres négatifs et de leur interprétation.

Le mot गुलिका *gulikâ*, que j'ai traduit par « objets », veut dire proprement « petite boule »; involontairement, il fait penser aux « boules » à l'aide desquelles encore aujourd'hui nous faisons nos raisonnements du calcul des probabilités. En tous cas, son emploi ici démontre qu'on n'avait pas encore inventé à cette époque de désigner l'inconnue par le यावत्तावत् *yâvat-tâvat* « tantum-quantum » (ou mieux « tot-quot ») dont se sont servis Brahmagupta, Bhâskara et les autres algébristes de l'Inde. Je soupçonne fort, du reste, que ce *yâvat-tâvat* n'est que la traduction du grec ἀριθμός, lequel n'est lui-même, je crois l'avoir démontré dans un travail en cours d'impression, que la traduction de l'égyptien, *hâ*, « tas, monceau, collection d'objets », qui sert, dans le papyrus Rhind, à désigner également « le nombre inconnu » d'un problème.

Une remarque encore : on voit qu'Âryabhaṭa arrête sa réduction aux deux membres égaux (तुल्यौ पक्षौ *tulyau paxau* de Bhâskara; v. *loc. cit.* p. 16, 17),

$$mx + a = px + b,$$

et qu'il donne pour formule

$$x = \frac{b-a}{m-p}$$

tandis que nous réduisons l'équation à la forme,

$$Mx = A$$

et sa solution à

$$x = \frac{A}{M}$$

que nous discutons ensuite en y donnant à A et à M toutes les valeurs remarquables que nous pouvons trouver.

Il me semblé, en rappelant mes souvenirs du temps où j'étais tout novice dans l'étude de l'algèbre, que j'aurais mieux saisi la signification des hypothèses que l'on fait sur ces valeurs de A et de M si l'on m'avait laissé la solution sous la forme

$$x = \frac{b-a}{m-p}.$$

XXXI. — Nous avons ici la solution *la plus générale* du problème des courriers, ou, peut-être, pour nous placer au point de vue d'Âryabhaṭa, qui écrivait, en somme, un traité d'astronomie, *des deux planètes* : c'est, du moins, ce qu'il faut juger d'après les termes विलोम *viloma* « course opposée » et अनुलोम *anuloma* « course dans le même sens », qui sont consacrés en astronomie à désigner la marche des planètes projetées sur la sphère céleste. Peu importe, du reste : le problème est toujours le même et se traite de la même façon.

J'avais, dans mon étude sur l'*Algèbre d'Al-Khârizmi*, p. 28, exprimé l'opinion qu'Âryabhaṭa devait avoir sous les yeux et *lire* quelque chose qui ressemblait à notre formule

$$\frac{x}{v} = \frac{d}{v \pm v'},$$

et qu'il savait interpréter le double signe du dénominateur et, mieux encore, le double signe du résultat, provenant, dans le cas où le dénominateur est $v-v'$, des grandeurs relatives des deux vitesses.

Sans abandonner absolument l'idée que notre auteur a pu être en possession d'une notation algébrique, ce que sa manière de traiter les problèmes du premier degré, contenue au distique précédent, nous a déjà amené à penser, il me paraît aujourd'hui assez vraisemblable qu'il devait traiter séparément chacun des cas particuliers du problème. Seulement, l'emploi régulier d'un signe pour distinguer les quantités négatives des positives (soit le point superposé, comme chez ses successeurs, soit tout autre signe particulier) lui permettait d'écrire toujours les termes de son équation définitive dans le même ordre : et alors toutes ces équations étant semblables, *sauf le signe des différents termes*, il aura eu l'idée de les réunir toutes dans un même énoncé général.

Mais n'est-ce pas encore ainsi que nous agissons quand nous voulons inculquer à nos élèves la notion des nombres négatifs et leur interprétation comme solution des problèmes ?

Enfin, cette généralisation qui permet à notre auteur de résumer dans une seule formule (parlée tout au moins) un certain nombre de problèmes de même famille, nous démontre bien, comme je le disais à propos du n° XXX, qu'en nous donnant comme solution générale de

$$mx + a = px + b$$

la valeur

$$x = \frac{b-a}{m-p}.$$

Aryabhaṭa ne se préoccupe pas des *signes* que peuvent avoir ni les quantités a, b, m, p, ni leurs différences $b-a$ et $m-p$ qu'il faut toujours effectuer dans le même sens, sauf à interpréter, comme ici, par « le passé » अतीत *atîta* ou « l'avenir » एष्य *éshya*, le signe du résultat définitif.

XXXII et XXXIII. — Les deux dernières strophes ne renferment à elles deux qu'un seul énoncé, solution du problème qu'on appelle aujourd'hui en algèbre élémentaire *analyse indéterminée du premier degré*, et qui consiste à trouver les valeurs entières de x et de y qui satisfont à l'équation indéterminée

$$ax + by = c.$$

Ce problème est une des questions favorites des algébristes indiens, à tel point que Brahmagupta, qui lui avait donné le nom de कुट्टक *kuṭṭaka* « broyeur », a pris ce mot pour titre de son chapitre qui traite, non seulement du problème en question, mais de toute l'algèbre : semblant vouloir dire par là que tout le calcul algébrique n'a qu'un but, celui d'amener à la solution dudit problème. Bhâskara a fait figurer le chapitre qui le concerne et dans sa *Lîlâvatî* (arithmétique) et dans son *Vîjaganita* (algèbre). Je consacrerai peut-être un jour un article spécial à étudier la façon dont ils traitent ce sujet, et les applications nombreuses que Brahmagupta en fait à l'astronomie. Pour le moment, je vais donner seulement quelques détails indispensables à l'intelligence de l'énoncé d'Âryabhaṭa.

Tandis que Brahmagupta et Bhâskara ne traitent que le cas simple de la seule équation

$$ax + by = c,$$

Âryabhaṭa, qui, nous l'avons vu entre autres pour la somme des termes d'une progression, aime bien à donner des solutions générales, nous fournit ici le moyen de résoudre en nombres entiers les deux équations simultanées

$$ax + by = c \qquad ex + fz = g,$$

ou, pour prendre l'exemple numérique donné par le commentateur,

$$8x + 29y = 4 \qquad 17x + 45z = 7,$$

de telle sorte qu'il faut que, pour une même valeur entière de x,

$$y = \frac{ax-c}{b} \qquad z = \frac{cx-g}{f}$$

soient entiers.

Supposons que nous ayons trouvé, par un procédé que nous verrons expliquer tout à l'heure, deux valeurs de x, α et β, qui satisfassent séparément à chacune de ces équations; c'est là ce que notre auteur appelle les « valeurs provisoires », अग्र *agra*. Toute valeur de x qui rendra y entier sera de la forme $\alpha + bt$; toute valeur qui rendra z entier sera de la forme $\beta + fu$, et une valeur unique satisfaisant aux deux équations à la fois sera donnée par la relation

$$\alpha + bt = \beta + fu$$

ou, si $\alpha > \beta$,

$$u = \frac{bt + (\alpha - \beta)}{f},$$

qui doit être satisfaite par des valeurs entières de u et de t.

C'est sur cette formule qu'Âryabhaṭa nous expose sa méthode : on voit qu'elle donne aussi le moyen de trouver les « valeurs provisoires » α et β.

« On divise, dit-il, le dénominateur b, correspondant à la plus grande valeur provisoire α, par f, dénominateur correspondant à la plus petite β, puis les restes les uns par les autres », absolument comme nous procédons aujourd'hui pour résoudre le problème, quand nous n'employons pas l'algorithme des *congruences*.

Pour abréger la suite de mon explication, je vais reprendre l'exemple numérique du commentateur : dans cet exemple,

$$\alpha = 15 ; \beta = 11, b = 29, f = 45,$$

donc

$$u = \frac{29 t + 4}{45},$$

mais comme $29 < 45$, on part, pour chercher le plus grand commun diviseur, de la formule inverse

$$t = \frac{45 u - 4}{29}.$$

On a alors successivement :

$$t = u + \frac{16 u - 4}{29} = u + v = 34$$

$$u = \frac{29v+4}{16} = v + \frac{13v+4}{16} = v+w = 22$$

$$v = \frac{16w-4}{13} = w + \frac{3w-4}{13} = w+s = 12$$

$$w = \frac{13s+4}{3} = 4s + \frac{s+4}{3} = 4s+2 = 10$$

$$s = 2$$

Notre auteur arrive au résultat $t=34$ de la façon suivante. Il écrit l'un au-dessous de l'autre tous les quotients, puis le « nombre arbitraire », मति *mati*, $s=2$, enfin la valeur qui en résulte pour $\frac{s+4}{3}=2$. Il multiplie alors « l'inférieur », अध: *adhas* (avant-dernier), par « celui qui est au-dessus », उपरि *upari*, et ajoute « le dernier », अन्त्य *antiya*: $2\times 4 + 2 = 10$. On met alors 10 à la place de 4 et l'on continue :

	34
1	22
1	12
4	10
2	
2	

$$1\times 10 + 2 = 12,\quad 1\times 12 + 10 = 22,\quad 1\times 22 + 12 = 34.$$

Si le résultat ainsi obtenu était supérieur au dénominateur 45 d'où l'on est parti, ऊनाग्रच्छेद *ûnâgrachéda*, on le « diviserait », भाजयेत् *bhâjayet*, par ce dénominateur, pour n'en garder que le « reste », शेषं *césham*, car ce reste suffit pour rendre entier $\frac{29t+4}{45}$. Le cas s'est présenté dans l'établissement des deux valeurs provisoires α et β : car la méthode qui vient d'être exposée, appliquée aux deux équations proposées, fournit :

dans $\quad y = \dfrac{8x-4}{29} \quad x = 73, \quad$ et l'on a pris $\alpha = 15$

et dans $\quad z = \dfrac{17x-7}{45} \quad x = 101 \quad\quad\quad \beta = 11$.

Mais puisqu'ici $t=34 < 45$, nous nous en tenons à cette valeur, qui, « multipliée par le dénominateur 29, अधिकाग्रच्छेदगुणं *adhika-agra chédagunam*, doit être ajoutée à α, अधिकाग्रयुतं *adhika-*

agra yutam, pour donner la « valeur convenant aux deux dénominateurs », द्विच्छेदाग्रं *dvicchéda-agram*.

Ainsi, suivant Âryabhaṭa, la plus petite valeur de x qui satisfait à la fois aux deux équations proposées est

$$x = a + bt = 15 + 29 \times 34 = 1001.$$

Cette méthode s'est perpétuée dans l'école indienne avec fort peu de différences : Bhâskara, par exemple, arrivé à

$$w = 4s + \frac{s+4}{3},$$

pose encore

$$\frac{s+4}{3} = r,$$

d'où

$$s = 3r - 4.$$

Posant alors $r = 0$ et prenant pour additif (*sic*) -4, il substitue à la série d'Âryabhaṭa la suivante, qui, par le même procédé, lui donne en remontant $t = -56$. Ce nombre, « épuisé » par 45, donne pour reste -11, qui, retranché de 45 pour avoir un nombre positif, donne enfin 34, comme l'a trouvé Âryabhaṭa.

1	-56
1	-36
1	-20
4	-16
3	-4
0	
	-4

J'ignore sur quelle autorité s'est répandue, parmi les historiens des Mathématiques, la croyance que les Indiens résolvaient le problème qui nous occupe par le moyen des *fractions continues*. Ni le calcul d'Âryabhaṭa, ni celui de Bhâskara, que je viens de citer l'un et l'autre, n'autorisent pourtant une semblable opinion.

Le morceau suivant a été ajouté ici, à la demande et aux frais de l'auteur, mais n'a pas paru dans le *Journal asiatique*.

APPENDICE

TEXTE SANSCRIT

ब्रह्मकुशशिबुधभृगुरविकुजगुरुकोणभगणान् नमस्कृत्य ।
श्रार्य्यभटस् त्विह निगदति कुसुमपुरे ऽभ्यर्चितं ज्ञानं ॥ १ ॥
एकं दश च शतञ्च सहस्रम् अयुतनियुते तथा प्रयुतं ।
कोट्यर्बुदञ्च वृन्दं स्थानात् स्थानं दशगुणं स्यात् ॥ २ ॥
वर्गः समचतुरस्रः फलञ्च सदशद्वयस्य संवर्गः ।
सदशत्रिसंवर्गो घनः तथा द्वादशाश्रस् स्यात् ॥ ३ ॥
भागं हरेद् अवर्गान् नित्यं द्विगुणेन वर्गमूलेन ।
वर्गाद् वर्गे शुद्धे लब्धं स्थानान्तरे मूलं ॥ ४ ॥
अघनाद् भजेद् द्वितीयात् त्रिगुणेन घनस्य मूलवर्गेण ।
वर्गस् त्रिपूर्वगुणितस् शोध्यः प्रथमाद् घनश्च घनात् ॥ ५ ॥
त्रिभुजस्य फलशरीरं समदलकोटिभुजार्धसंवर्गः ।
ऊर्ध्वभुजातत्संवर्गार्धं स घनष् षडश्रिर् इति ॥ ६ ॥
समपरिणाहस्याधं विष्कम्भार्धहतम् एव वृत्तफलं ।
तन् निजमूलेन हतं घनगोलफलं निरवशेषं ॥ ७ ॥
श्रायामगुणे पार्श्वे तद्योगहृते खयातरेखे ते ।
विस्तारयोगार्धगुणे ज्ञेयं क्षेत्रफलम् श्रायामे ॥ ८ ॥

सर्वेषां क्षेत्राणां प्रसाध्य पार्श्वे फलं तदभ्यासः ।
परिधेषु षडाज्ञया विष्कम्भार्धेन सा तुल्या ॥ ९ ॥
चतुरधिकं शतम् अष्टगुणं द्वाषष्टिस् तथा सहस्राणाम् ।
अयुतद्वयविष्कम्भस्यासन्नो वृत्तपरिणाहः ॥ १० ॥
समवृत्तपरिधिपादं छिन्द्यात् त्रिभुजाच् चतुर्भुजाच् चैव ।
समचापज्यार्धानि तु विष्कम्भार्धे यथेष्टानि ॥ ११ ॥
प्रथमाच् चापज्यार्धाद् यैर् ऊनं खण्डितं द्वितीयार्धम् ।
तत्प्रथमज्यार्धांशैस् तैस् तैर् ऊनानि शेषाणि ॥ १२ ॥
वृत्तं भ्रमेण साध्यं त्रिभुजं च चतुर्भुजं च कर्णाभ्याम् ।
साध्या जलेन समभूर् अधऊर्ध्वं लम्बकेनैव ॥ १३ ॥
शङ्कोः प्रमाणवर्गं छायावर्गेण संयुतं कृत्वा ।
यत् तस्य वर्गमूलं विष्कम्भार्धं ख(ख)वृत्तस्य ॥ १४ ॥
शङ्कुगुणं शङ्कुभुजाविवरं शङ्कुभुजयोर् विशेषहृतम् ।
यल् लब्धं छाया ज्ञेया शङ्क्रोस् तन्मूलाद् धि ॥ १५ ॥
छायागुणितं छायाग्रविवरम् ऊनेन भाजिता कोटी ।
शङ्कुगुणा कोटी सा छाया भक्ता भुजा भवति ॥ १६ ॥
यश् चैव भुजावर्गः कोटीवर्गश्च कर्णवर्गः सः ।
वृत्ते शरसंवर्गोऽर्धज्यावर्गः स खलु धनुषोः ॥ १७ ॥
ग्रासोने द्वे वृत्ते ग्रासगुणे भाजयेत् पृथक्त्वेन ।
ग्रासोनयोगभक्ते संपातशरौ परस्परतः ॥ १८ ॥
इष्टं व्येकं दलितं सपूर्वम् उत्तरगुणं समुखमध्यम् ।
इष्टगुणितम् इष्टधनं तु अथवा ज्यक्तं पदार्धहृतम् ॥ १९ ॥

गच्छो ऽष्टोत्तरगुणितात् द्विगुणाद्युत्तरविशेषवर्गयुतात् ।
मूलं द्विगुणाढ्यं खोत्तरभजितं सद्रूपार्धं ॥ २० ॥

एकोत्तराद्युपचितेरु गच्छाद्येकोत्तरत्रिसंवर्गः ।
षड्भक्तस् स चितिघनस् सैकपदघनो विमूलो वा ॥ २१ ॥

सैकसगच्छपदानां क्रमात् त्रिसंवर्गितस्य षष्ठो ऽंशः ।
वर्गचितिघनस् स भवेच् चितिवर्गो घनचितिघनश्च ॥ २२ ॥

संपर्कस्य हि वर्गाद् विशोधयेद् एव वर्गसंपर्कं ।
यत् तस्य भवत्य् अर्धं विद्याद् गुणकारसंवर्गं ॥ २३ ॥

द्विकृतिगुणात् संवर्गाद् यत्र‌ऽर्गेण संयुतान् मूलं ।
अत्रयुक्तं हीनं तद् गुणकारद्वयं दलितं ॥ २४ ॥

मूलफलं सफलं कालगुणम् अर्धमूलकृतियुक्तं ।
मूलं मूलाधीनं कालर्हतं स्यात् खमूलफलं ॥ २५ ॥

त्रैराशिकफलराशिं तम् अथेच्छाराशिना हतं कृत्वा ।
लब्धं प्रमाणभजितं तस्माद् इच्छाफलम् इदं स्यात् ॥ २६ ॥

छेदाः परस्परहता भवति गुणकारभागहाराणां ।
छेदगुणं सच्छेदं परस्परं तत् सवर्णत्वं ॥ २७ ॥

गुणकारा भागहाराश भागहारा ये भवन्ति गुणकाराः ।
यः क्षेपस् सो ऽपचयो ऽपचयः क्षेपश्च विपरीते ॥ २८ ॥

राश्यूनं राश्यूनं गच्छधनं पिण्डितं पृथक्त्वेन ।
व्येकेन पदेन हृतं सर्वधनं तद् भवत्य् एव ॥ २९ ॥

गुलिकान्तरेण विभजेद् द्वयोः पुरुषयोस् तु द्रव्यकविशेषं ।
लब्धं गुलिकामूल्यं यद् अर्घकृतं भवति तुल्यं ॥ ३० ॥

भक्ते विलोमविवरे गतियोगेनानुलोमविवरे द्वे ।
गत्यन्तरेण लब्धौ द्वियोगकालौ अतीतैष्यौ ॥ ३१ ॥
अधिकाग्रभागहारं छिन्द्यादूनाग्रभागहारेण ।
शेषपरस्परभक्तं मतिगुणमग्रान्तरे क्षिप्तं ॥ ३२ ॥
अधउपरिगुणितमन्त्ययुगूनाग्रच्छेदभाजिते शेषं ।
अधिकाग्रच्छेदगुणे द्विच्छेदाग्रमधिकाग्रयुतं ॥ ३३ ॥

इत्यार्यभटीये गणितपादो द्वितीयः समाप्तः

ERRATUM.

Au dernier alinéa des *Notes* le Lecteur est prié de substituer le suivant :

Le calcul de Bhâskara revient, comme divers auteurs, du reste, l'ont déjà reconnu, à celui de la curieuse *fraction continue* dont les 0 doivént être traités comme des chiffres quelconques, sauf application des règles spéciales aux "opérations avec zéro" *kha-shadvidham* (V. mon *Alg. d'Al-kharizmi* p. 23, & Colebrooke. *Algebra*). On arrive, par ce moyen original & assurément fort ingénieux, à faire disparaître la dernière réduite & à multiplier les deux termes de l'avant-dernière par -4 ($\pm c$ de $ax - by = c$) sans y rien ajouter : résultat que nous obtenons en arrêtant en route notre calcul conduit en sens inverse de celui de Bhâskara.

$$1 + \cfrac{1}{1 + \cfrac{1}{1 + \cfrac{1}{4 + \cfrac{1}{3 + \cfrac{0}{0' + \cfrac{0}{-4}}}}}}$$

TABLE DES MATIÈRES.

	Pages.
AVANT-PROPOS	5
Édition de M. Kern	7
Division de l'ouvrage	Ibid.
TRADUCTION	8
NOTES	16
Noms des puissances de 10 d'après Bhâskara (note II)	Ibid.
Carré et carré long (note III a)	17
Solides désignés par le nombre de leurs arêtes (III b)	Ibid.
Extractions des racines, d'après les commentateurs de la *Lílávâti* (notes IV et V)	Ibid.
Argument en faveur des chiffres et de la valeur de position au temps d'Âryabhaṭa	19
Volume de la sphère, d'après Âryabhaṭa (note VII a)	20
Étymologies (note VII b)	21
Décomposition d'une figure quelconque en trapèzes (note IX a)	22
Valeurs de π (note X)	Ibid.
Table des différences premières des sinus (notes XI, XII)	22
Procédé de nivellement d'une terre, d'après le commentateur (note XIII)	27
Définition des noms des côtés d'un triangle rectangle (notes XV et XVI)	28
Carré de l'hypoténuse, d'après le *Çulba-Sûtra* (400 avant J. C.) (note XVII a)	30

	Pages.
Formules diverses, relatives aux progressions arithmétiques (notes XIX, XX).....................................	32
Formation des piles « de bonlets » (notes XXI, XXII).....	35
Formule des intérêts (note XXV).........................	36
Règle de la multiplication des fractions et celle de leur division, d'après Brahmagupta (note XXVII).............	37
Équation du premier degré (note XXX).................	39
Problème des courriers (note XXXI)....................	41
Analyse indéterminée du premier degré (appelée *kuṭṭaka* par les auteurs postérieurs).....................................	42

www.ingramcontent.com/pod-product-compliance
Lightning Source LLC
Chambersburg PA
CBHW071753200326
41520CB00013BA/3237